知识的大苹果　小苹果丛书

Les Éditions Le Pommier

U0203412

放射性
真的危险吗

La radioactivité est-elle
réellement dangereuse?

[法] 让·马克·卡维东 著

赵勤华 李牧雪 译

上海科学技术文献出版社
Shanghai Scientific and Technological Literature Press

目　录

身处其中的我们呢

果

效

想

仁

大

李

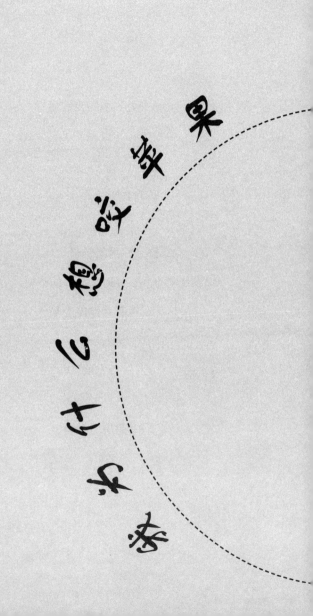

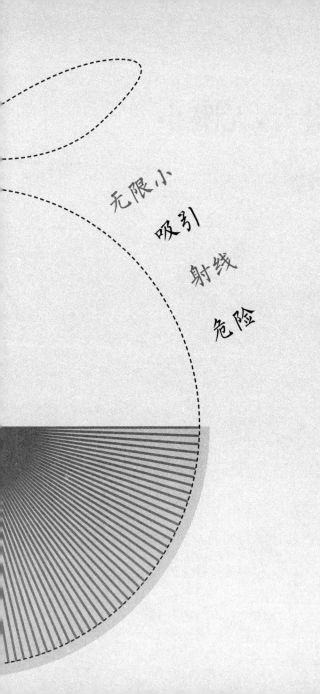

无限小

吸引

射线

危险

无限大, 无限小

据说, 在面对令她好奇的物理或化学现象时, 玛丽·居里常说: "多美的现象啊!"放射性现象正是一种拥有如此魅力的现象, 玛丽·居里为放射性元素的发现、探索、描述、掌握及利用做出了巨大的贡献。

在无云的夜晚，穿暖和些来到远离城市和污染的地方。我们面前会呈现出一片美丽的场景，也许是最美丽最吸引人的，那就是宇宙。放眼望去，每个白点都是一颗星星，它通过发出的亮光，向人们讲述它的诞生、生命和消亡。我们用肉眼可以直接看到的发光部分，只是感知无限大活动中的一小部分。几千年来，天文学家只能依靠这唯一可见的光亮去探索宇宙。无限大总是被人们熟知，与之相反，无限小直到最近才被发现。直到摄影技术被发明的半个多世纪以后，人们才发现无限小像星星一样，同样能够传递信息。十九世纪初，感光化合物的发现带动了摄影技术的发展。十九世纪末，在照相底片的辅助下，X光射线被发现，随后是 α 射线和 β 射线，到了十九世纪末二十世纪初，γ射线也被发现。对放射射线物质的活动（即放射性）的神奇探索开始了。

　　射线实际上是极微小的粒子（甚至可以忽略不计），它可以穿透底片乳胶，曝光后，将粒子隐藏的轨迹以射线形式显示出来。

　　这些射线不仅向人们展示了原子甚至更小粒子的结构，还有它们结构的演变：每个原子中心都有一个体积仅为它十万分之一的原子核，原子核由质子和中子组成，二者是自然界中最基本的粒子。质子和中子的数量相同时，原子才能稳定。αβγ射线是最常用的三种放射性粒子，它们利用原子核清除质子、中子和能量，以此达到稳定状态。而达到稳定所需的时间从纳秒到十亿年不等。正是由于放射性变化多端，它才有多种用途，例如应用于放射诊断和地质代测定。

爱因斯坦质能方程指出质量与能量可以互相转化，该方程是放射性现象的另一基本组成部分。物质的能量转化恰巧说明了放射粒子存在巨大的能量。

人类对物质转换的迷恋，尤其是把廉价金属铅变成贵金属黄金，始于放射性发现和物质形态变化之前。我们可以以炼金术及相应出现的假想为例：在一定条件下，一种原子可能转变成另一种原子。即使将铅变成金，也只是无意义的产物，并且受益不大。但持金者和炼金士却为此欣喜，因为他们将幻想付诸了实践。

当射线穿透物质时，发生了罕见的物理现象，人们不借助仪器，用肉眼可以看到一些射线。这一效应以它的发现者——俄国物理学家切伦科夫命名。与飞机速度超过音速时会产生声波冲击的原理相同，粒子在媒质中的传播速度超过光速时，切伦科夫效应便因此产生，该效应会产生近乎蓝色的紫外光，在肉眼看来却是蓝光。1910年，玛丽·居里提到水中包含发蓝光的放射物质，但没解释原理。核反应堆的池水与研究堆情况相同，原子核发出的 β 射线和 γ 射线产生了环绕着反应堆中心的切伦科夫光晕，这些光晕有助于人们观察反应堆的运行状况。毫无疑问，美丽的光晕使放射性现象更加引人注目。

除了上述极个别情况以外，放射性是看不见的：它无色、无臭、无味，也感觉不到。然而，放射性辐射很容易被探测到：自从发现了照相底片，探测仪器已变得越来越精密，让人们能探测到我们周围极微小的放射性的轨迹，极大地降低了受辐射的风险。

探测器的发展不仅探测无限小，更要探测无限大。对宇宙射线（来自宇宙的放射性）的研究，已经扩展到了动物学，这些粒子在宇宙中自由流动，其中一些偶然与人类相遇。伽马射线天文学源于对高能粒子的检测，这些粒子传递着闯入银河系不稳定的原子核能量。到了二十世纪，探测技术得到了发展，人们更好地了解了宇宙发展的历史进程，而这些是我们通过光线无法了解的。

与用肉眼或望远镜观察相比，粒子探测器的使用能帮助人们对无限大有更多更细致的认识和了解，帮助人们发现另一个无限，即无限小，而后者与前者一样引人注目。

社会焦点：
放射性的危害

放射性是一种美丽神奇的现象，但人们担心该现象对健康有影响，甚至产生无缘由的害怕。

二十世纪下半叶，出于军事与和平发展的目的，原子核重整释放的巨大能量被人们所控制。原子能对人的身体不是没有伤害。危险、风险、或然性、严重性这些词交杂在一起，在普通的同义词词典中，这些词甚至可以通用，所以要对这四个词进行辨析。仔细查看一本语言词典，可以打破对"危险"和"风险"两词理解的恶性循环。危险是一种包含威胁的情况，而风险指有可能发生危险。细微的差别大概难以察觉，但避免遭遇危险最好的办法难道不是远离威胁吗？爬德律峰时，我冒着掉下去的危险，但如果不爬太快，就可以规避风险。如果我决定爬山，将会预测风险。按照数学计算，威胁有转化成现实的概率。事情一旦发生，便涉及严重程度，所以严重性是对事件后果的评估。

通过上述定义，我们可以说："放射性危险吗？危险，但不那么严重！"就像杰出的政治家看到自己的职业受到质疑时常说："我们有责任但没有错"，所以该书也将得出一个相近但更准确的结论："什么情况下放射性变得很危险？答案是：用量较大时，会有危险，但只要做好防护措施，就不要紧，不过要谨防错误的操作……"

但是怎么才能知道具体情况下我们面对的是什么样的风险呢？怎样才能降低风险？

为了使大家弄清楚，我们将具体说明什么是放射性和射线，如何判断放射性的危害，怎样降低风险并自我保护。当射线穿过身体时，如何判断对身体的影响是短期的还是长期的。我们将用这一简单的知识来回答媒体关注的焦点。当失于轻信而无法理性思考时，我们会尽量去对比、进而深入研究那些常常被夸大或忽视的情况。

最后，我们将对放射生物学和认识论的前沿理论进行研究，该研究将涉及人们已知的、自认为了解的及仍然未知的放射性对人体的影响。

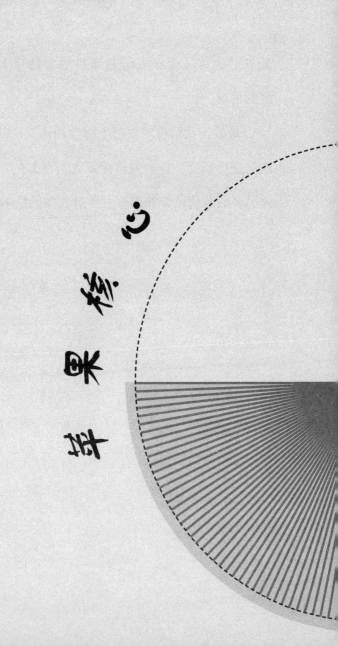

原子

细胞

辐射

剂量—放应关系

无限小的标志

放射现象的自然属性其实就是原子的自然属性，更确切地说是原子核的自然属性，因为一切都始于原子核……

让我们来拓展一些关于物质内部结构的知识吧：从燃尽的火柴上取下来的火柴头体积大约为一立方毫米，在这个火柴头中，几乎都是碳原子。在这个仅一立方毫米的火柴头中，却有亿万数量的碳原子。所有的原子都由质子、中子和电子三种基本粒子组成。碳原子的空间排布：六个质子和六个中子首尾相连成球状，构成原子核；电子的数量和质子的数量相同，电子的运行轨迹离原子核较远，其轨道直径是原子核直径的一万倍。若碳原子核体积与橙子相同，并被放到协和广场上，那么电子的运行轨迹就是环城大道，且两者之间什么都没有。所以，原子中还存在另一种物质——真空，它占的空间最多，而且远比其他粒子占据的空间多得多。

　　火柴头中有 1 020 个碳原子，我们只对其中一些感兴趣。它们当中的一小部分原子（不超过一亿个）像其他原子一样，拥有包含六个质子的原子核，但中子数是八个不是六个。由于六个质子加八个中子数量为十四，因此这些原子被称为碳 14。碳 12 和碳 14 都是碳元素的同位素，由于中子数改变了原子核的质量，但不影响原子的化学属性，所以用同一个名称来命名这两个元素。然而，与碳 12 不同，碳 14 是放射性元素……

　　什么是放射性原子核？放射性原子核其内部排列没有遵循物理规律，所以无法保持稳定。为了达到稳定，原子核内部排列不得不进行转变。一个原子核包括 1~112 个质子，但是让粒子在带有同极电子的情况下共存，这是与静电法则相违背的。只有当中子达到一定比例，原子核才能存在，因为只有通过中子的强作用力，才能保证质子和中子之间的联系。

　　所有不稳定的原子核都用同一种方式达到稳定，即通过释放粒子转变成另一种原子核，转变过程一直持续，直到构成中子和质子平衡的原子核，即稳定的原子核。一些原子核会经历连续十几次的转变，即一系列放射性元素核分裂反应，才能达到稳定状态。衰变是一个原子核自然衰变成另一个原子核，而放射性指的是释放粒子。十九世纪末的专家虽然不知道这些粒子，但也注意到了射线的轨迹。原子自行放射射线（拉丁语 radius）的活动，居里夫人称其为放射性。

　　原子核转变或衰变时，为了达到电子和

质子的平衡，它外围的电子也在变化，于是造成了原子化学属性的完全改变，以及名称的变化，炼金术师称这一过程为蜕变。于是，人们认识到，为什么炼金术师利用化学转变原子的方法行不通，因为关键在于原子核自身的转变。

不同类型的放射性，原子核能量释放和再平衡的方法也不同。通过释放多余的一组粒子（四个一组，即两个质子和两个中子），质量大的原子核可能很快地清除多余的质量。成组运行的两个质子和两个中子被称为阿尔法射线。

当粒子总数正确，但中子数太多时，中子转变成质子，总数不变。由于粒子间有强烈的相互作用力，所以这种"变性"是可能的，通过这一作用力，质子和中子只在内部结构中变化，在人类生活中并不显现出来。只有同时释放电子和中微子，中子才能转化成质子。由于中微子穿过物质时，并不与其相互作用，人们便将中微子忽略，电子被称为 β 射线。

当质子数量多于中子时，相反机制产生：质子转变成中子，同时释放一个正电子，但仍是 β 射线。

在一系列的衰变中，原子核有可能释放能量，但不改变结构。它释放一点电磁能，即光子。伴随着 α、β 射线这些粒子，被称作 γ 射线。

原子核为了达到稳定，只能释放一些粒子，由此产生了 α、β、γ 射线。所有的粒子都不可见，也感知不到，它们都属于原子和原子核无限小的世界。

被这些无限小的东西咬一下，有什么可害怕的呢？

如何测量放射性的活度？

一条射线造成的伤害并无大碍，但当射线大量出现时，情况会变得不同。简单的火柴头上都隐藏着巨大的能量，因此有必要计算一下这个"军团"的能量。

放射性活度的测量单位是贝克，其定义再简单不过了：原子核平均每秒发生转变或衰变所释放的放射性活度即为 1 贝克。由此，在描述放射性活度时，经常出现成千、千兆甚至更大数值。但是要注意的是，贝克只用来计算放射性射线的活度，并不考虑放射物的属性、其释放的能量，更加不考虑射线发射的位置及其最终命运。

关于原子的放射性另外需要注意的是：原子数量有限，系列衰变达到稳定后，所有原子将停止释放粒子。能量释放所形成的攻击力，一方面当然和放射性原子的数量有关，另一方面，和衰变完成的时间有关。对每一种放射性同位素衰变完成的时间是不一样的，且该时间是确定不变的，放射性原子核的消失是循序渐进的：在任何时候，都有一部分原子在消失，但消失的比例恒定不变。同位素消失的速度相同，而放射性达到原值一半所需要的时间为同位素的半衰期。

贝克数量与原子核数和它的半衰期有关。

半衰期越短，原子核消失速度越快，产生贝克越多，衰变的总量却不变。这使得在接下来的衰变中，辐射源放射的贝克数持续减少。

射线变成了什么？

被释放出来的粒子一直传播，直到遇到物质阻碍，它会在物质中留下特有的轨迹。在不断撞击的过程中，粒子不断释放能量，直至被完全阻止。如果粒子量较大，如核反应堆，阻碍物就会变热，并且还会出现结构的变化。

避免遭遇射线的方法很简单。首先，不要靠近或者远离未知的辐射源。通常，辐射源都有非常显眼的标志：黄色背景上面印有黑色三叶草；其次，靠近辐射源时，可以用挡板阻隔射线。只要在辐射源和人之间放置某件物品，就可以阻挡粒子或者减少粒子数量。阻隔 α 射线只需要一张纸，阻挡 β 射线要用一片金属。而 γ 射线需要几厘米厚的铅隔板或是几分米厚的混凝土隔板。远离辐射源和使用保护板能防止或减少辐射。

一定要避免辐射源扩散，避免辐射绕过保护板，通过吸入的空气、食物、饮料或者伤口进入人体。辐射物一旦进入人体，就无法再阻隔。人们将这一现象称为内部辐射或辐射传染。

辐射预防措施说起来容易，但实施起来却很棘手，其实很容易学。

贝克可以测量辐射源发出多少射线，却不能解释射线变成了什么。它们先是传播，然后穿过物质，在挡板、人的身体或者建筑物的墙上继续存在或消失。因此，贝克可用来估量危险和威胁。

让我们来测算一下风险，设想一下，即便有阻挡，α、β、γ射线还是进入了人体，人被辐射了，然后会发生什么呢？

辐射的短期后果：
戈瑞

让我们将目光从鲜活的人体转移到某些器官上，这些器官都是由一系列细胞组成，细胞对于器官而言是不可或缺的。

让我们先以辐射大量出现为例，这种情况比较好理解。假设大量辐射渗透到某一细胞，导致细胞功能受损，甚至死亡，但对人体影响不大。人体本身就是细胞不断坏死和再生的场所，坏死的细胞被清除，但不影响其所属组织和器官的正常功能。但若大量细胞同时坏死，超出了正常清除和再生的能力，器官的正常功能将受到影响。

这就成了界定辐射伤害的一个标准：超过这个标准，必定产生某些后果（我们称之为慢性辐射病），低于这个标准，无组织损伤。当然，造成伤害的辐射标准因机体组织和辐射方式变化而不同，但是我们可以记住会造成辐射伤害的一些迹象。辐射剂量越大，造成的伤害就越严重。测量辐射吸收剂量即物质（活体或非活体）

所吸收的辐射的能量单位是戈瑞，即让 1 千克靶物质产生 1 焦耳热量所需的辐射量为 1 戈瑞。方便起见，下文中我们将使用千分之一戈瑞或毫戈瑞这一概念。

当辐射量低于 300 毫戈瑞时，对人体无任何影响；若辐射量超过 300 毫戈瑞，淋巴细胞会暂时减少，但很快就可以自动恢复，淋巴细胞是白细胞的一种，是人体免疫系统的守护者。此外，计算白细胞数量也是较好的测量方法。辐射剂量达到 1 000 毫戈瑞以上，白细胞会大量减少，患者伴随出现恶心呕吐症状，但还是能自愈的。当辐射量超过 3 000 毫戈瑞时，血球数量迅速减少，人体失去免疫功能。当辐射量达到 5 000 毫戈瑞以上时，患者全身受到辐射，只有 50% 的存活率。若及时得到治疗，存活率会明显上升。若受到 10 000 毫戈瑞辐射，患者能存活几个星期已算特例，超过 15 000 毫戈瑞，患者必死无疑。

如果放射性的危害只限于破坏人体器官，那么它只是一种容易被人接受的威胁。上述的剂量在日常生活中不会出现，除非像居里夫人一样，在口袋中总是携带铀矿石，或者像放射学医生，总是在完全忽略危险的情况下工作，因此，他们付出了截肢和死亡的代价。为了避免这些情况，人们需要知道如何自我保护，由于辐射有安全剂量，由此，建立放射性保护机制是可行的。此外，剂量和危害是呈正比的，就像晒太阳一样：如果在太阳下曝晒的时间很短，不会有什么影响；如果时间稍长一些，会出现轻微中暑现象；曝晒时间越久就越危险，后果越严重！

　　另一种伤害涉及细胞内的 DNA 分子，但这种影响不会立即有所表现。少量辐射伤害到了细胞，但没有立即造成死亡，让我们来看看之后将会发生什么。

长期受辐射影响，
有癌症风险

每颗小粒子，都有自己攻击的小目标：辐射最大的受害者是细胞核内的 DNA 分子。

　　所有的活细胞，无论有什么特性，其共性都有一个细胞核，核内包含生命和繁殖的组织（不要与原子核混淆）。细胞核内有一类分子，由于它的双螺旋形状和生物学的重要性被熟知，即DNA分子，它包含以核苷酸形式存在的遗传基因，并沿着双螺旋形成编码。

　　每颗小粒子，都有自己攻击的小目标：辐射最大的受害者是细胞核内的DNA分子。这就是为什么我们从理论上很容易理解，像阿尔法粒子那样小的放射物，可以破坏遗传基因，引发与癌症同样严重的病症。更极端的观点是"贝克能杀死一切"：一颗粒子只需撞击一下DNA的一条分子链就足以将其破坏，使细胞发生改变并产生无法控制的扩散，从而发展成致命的癌症。若这种观点正确，那么生命将无法存在，因为天然放射性将阻碍生命的发展。

无论 α、β 还是 γ 射线，只要穿过细胞，会通过直接撞击或间接侵袭的方式破坏 DNA 分子链。被损害的 DNA 变成什么呢？和细胞死亡一样，这种情况很常见。每个细胞中的 DNA 每天会遭受 150 000 次损伤，这些损伤沿着两米长的 DNA 分子链分布。辐射伤害只是这些损伤中的小部分。若这些损伤无法修复，那么死亡便难以避免。细胞拥有极有效的 DNA 复制和损伤修复机制，能保证遗传编码的完整性，DNA 分子长达 600 亿千米，且以每天 4 亿千米的速度增长。对于受损害的 DNA，最常见的结果是完全修复，无后遗症。因此，人体所有细胞每天必须修复 1 019 次。若修复失败，则会出现三种结果，其中两种结果是细胞坏死或细胞即将坏死。在以上两种自然过程中,细胞将被自动清除。而第三种结果则是 DNA 病变问题，这一结果没有细胞坏死那么严重（无论是细胞立刻坏死或之后坏死），但构成很大的潜在危险。

接下来，机体依靠免疫系统，确定和清除病变细胞。只有免疫系统失效时，机体细胞才会受损害，这些细胞无限扩散，开始癌变。

这种情况与暴晒完全不同，一个人即使从未暴晒,也会被诊断出皮肤黑素瘤。照射剂量少，但如果经常晒，仍有造成长期癌症的风险。分子遭受大量攻击，造成免疫系统展开持续有效的防护，但这种防护是不完善的，人们无法得知，最初的病变是否是辐射透过免疫系统的防护，造成癌变。这就像博彩，但与博彩最大的不同是人们不想中头彩……辐射的严重性通常是一样的,可能性却依据剂量变化而变化。同样,头奖总额不变,买的彩票数影响赢的机会。人们称其为随机或偶然影响,由于这些都是随机发生的,所以不清楚谁将被感染。

长期风险的测量单位:希沃特

当暴露在辐射中时,为了估计细胞病变的可能性或风险,只知道物质中存放的能量是不够的,还要考虑放射性粒子的属性,以及产生不同的生物学效果。实际上,α 射线在整个放射过程中都在造成损害,β 和 γ 射线却大面积地消失掉。受损害细胞的属性也影响到癌变的可能性,平衡的第二个相关因素,被确认的风险从 1(皮肤和骨头)到 12(骨髓、肺、脊髓、胃)。

辐射剂量的计算与能量并没有很大关系,

另一种计算辐射剂量的单位为希沃特。为了简化比较，计量单位通常为毫希沃特。为了方便表达，β 和 γ 射线辐射全身时，用 1 毫希沃特或 1 毫戈瑞。射线危害稍小的情况下，两种单位可以通用。接下来谈一下毫希沃特。

辐射剂量是分等级的，患者受到辐射后几十年内致命癌症发生的风险与接受的辐射剂量有直接关系。这就意味着当辐射剂量加倍时，致癌风险也加倍；剂量加大十倍，造成的影响也增加十倍。在 100 毫希和 10 000 毫希之间，辐射剂量每增加 1 000 毫希，风险就增加 5%。辐射剂量为 100 毫希时，致命癌症风险为 0.5%；辐射剂为 10 000 毫希时，致命癌症风险为 50%；即剂量与癌症风险之间是线性关系。

若剂量为零，影响也为零，剂量超过一定

的界限，影响才会出现。

只有超过 100 毫希，辐射剂量与产生影响之间的关系才被确立。此关系无界限，只是一种合理的假设，当辐射剂量低于 100 毫希，如果我们能掌握辐射剂量与产生影响之间的关系，就有可能证实该假设有误。

让我们总结如下：我们已经了解到强剂量和弱剂量，以及必然和偶然影响。将辐射等级与影响类型结合，我们将辐射分为四种情况：

—300 毫戈瑞以上的强剂量，影响必定出现，严重性随剂量增加而增长；

—300 毫戈瑞以下的弱剂量，影响未必出现。

—超过 100 毫希的强剂量，根据源于经验的无界限线性关系，偶然影响必会出现，可能性随剂量增加而增大；

—低于 100 毫希的弱剂量，依据无数据支持的无界限的线性关系，偶然影响可能会出现，可能性随剂量增加而增大。

研究向导

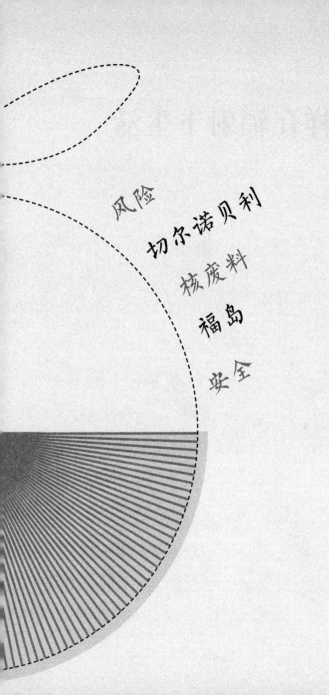

风险

切尔诺贝利

核废料

福岛

安全

怎样在辐射下生活

辐射有三种测量工具：放射性活度的贝克，对活体短期影响的毫戈瑞，以及测量长期风险的毫希沃特。让我们带着这三样工具，去探索生活中存在的放射性吧！

有必要害怕天然放射性吗？

当然，自然界本身就存在放射现象！既然放射性是自然现象，也就没什么好惊奇的……放射性同位素来源于星体，也参与了地球的形成，在它们逐渐消逝之前，地球的形成就具有放射性。每个放射性同位素都有自己的轨迹，它们慢慢消失，消失时间与地球存在的时间相同：近十亿年。最初的放射云中，只有铀235和铀238两种同位素，以及钍232和钾40存留到现在。这些放射性同位素的蜕变产物不断放出辐射，镭和氡就是这些蜕变产物中的两种。宇宙并不是一条安静的长河，来自宇宙的射线时刻都在撞击星球，由此又创造一些放射性同位素，与碳14和氢3元素共存，造成辐射。宇宙射线每年对人的辐射量为

0.4 毫希，而平均每人所吸收的来自地球的天然辐射为 2 毫希，其中四分之三的辐射通过人类呼吸、饮水和吃饭等方式进入人体。

人们能改变辐射值，最简单的方式是选择有花岗石土壤的地区居住。例如在法国，居住在上维埃纳或布列塔尼会让人体吸收辐射的剂量每年增加 0.5 毫希，但若住在一栋花岗岩的房子中，通风不良会增加氡的浓度，所以剂量可能增长到 10 毫希。世界上还有一些地方，例如在印度的喀拉拉邦，天然放射性通常达到 50 毫希。巴西瓜拉帕里海滩，保持了天然放射性的最高纪录。该地区的沙子由含钍的独居石构成，这是自然界中常见的矿石。整年都居住在此的人所吸收的天然辐射达到 125 毫希。

使辐射值发生变化的另一个次要原因是人

们居住的海拔，它能减少大气层厚度，而大气层是宇宙射线的荧幕。在雪地逗留或横穿大西洋的几个小时里，人们额外接收了少量的辐射，远低于 0.1 毫希。但对于专业飞行人员和经常旅游的人而言，长期累积也是很大的剂量。

即使这些数据看上去微不足道，但辐射的活动性可被测量，剂量也可计算，不同的辐射量对应不同的结果。至于影响，该剂量在安全剂量范围内，由此，直到现在，必然或偶发的风险均未发现。因此按照每毫希 0.005% 的公式，不能测量癌症额外的风险。这就意味着 0.1 毫希这样的剂量所带来的影响是完全无法测量的：也就是在一百万人中有五人因此而患上癌症，而其他原因造成癌症发病率高达 20%~25%。

住在核电站附近，有风险吗？

人们对正常运转的核电站释放到其周围的辐射量的预测比实际要小100倍，因此并不可靠。

这些少量的辐射是在阻止放射性物质扩散的防护过程中产生的。核反应堆中心的活动性为上百亿贝克，所以必须保持封闭。最难接受的大事故为：放射性粒子超出反应堆区域，大量向外扩散。

工程师知道零风险是难以实现的理想技术手段，他们只能利用技术降低事故的影响。如果无法增强技术设备的可靠性，有可能会安置多余的防护和深层次的保护。这些方法使用了古老的军事防护原则，仿照了罗马集中营的沟渠和围栏。人们利用安全设施原则，设计一些体制，使其无故障地运行，降低了故障发生的偶然性。目前设计的安全系统让工程师身穿带腰带或背带的长裤，他们还在努力设计更可靠的方法。

现在西方建造的核反应堆，导致重大事故的可能性是可估算的，每个反应堆每年事故发生率在万分之一和百万分之一之间。最严重的事故是活性区的核聚变，像切尔诺贝利和福岛核泄漏。住在附近的居民受辐射量不能超过150毫希。根据辐射剂量危害等级表，这样的辐射量对健康不会立刻有影响，但受辐射多的人，得癌症的风险会增加1%。

多亏风险控制装置，每个反应堆每年因小事故和正常的情况产生的辐射不超过0.01毫希。因此，可以客观地总结出，住在正常运行的核电站附近并没有什么风险。但事实并不是人们所预测的那样。这些体现辐射可能性的数据，是给专家提供的参考，但对于普通人来说太专业。如果我们在玩博彩时还计算中奖的可能性，那这类游戏就没有玩家了。反之，人们害怕的是重大事故所带来的后果，但从技术上分析，重大事故发生的概率很低。

尽管原子能发电站的风险很低，仍有数次严重事故发生。第一件重大的事故为发电反应堆事件，于1979年3月28日发生在美国宾夕法尼亚州的三里岛。该事故具有较强的代表性，主要原因如下：首先此事件说明严重事故虽然很少，但有发生的可能，可能性与估测的概率共存；其次，现实证明，受过培训且能胜任的操作人员不清楚被自己控制的机器出现了什么问题，说明对紧急事故的演习的重要性，以及自动预防系统的重要性；最后，事故也有好的一面，人们已经加强对放射性元素的封闭：反应堆中心因未降温而融化，因此外泄的放射物不足 1 毫希。人们对这样的剂量感到怀疑，于是对该地区的孩子进行深入的流行病学研究，并没有发现这次事故的不良影响。经历罕见又严重的核工业事故的居民并没有出现不良反应。但请不要忘记那些天的恐慌造成的压力，因为细胞学专家无法确认，事故不会造成细胞自身防护系统的崩溃……

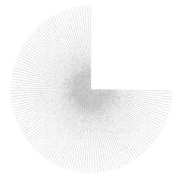

切尔诺贝利核泄露真正的影响是什么？

1986 年 4 月 26 日，乌克兰境内的切尔诺贝利第四号反应堆发生爆炸，活性区的石墨燃烧了十天，大量的放射性同位素散发到空气中。这是史上最严重的核泄漏事件：如此严重的爆炸第一次把核物质放射到高空，到达云层，将放射物扩散到整个欧洲，并且大火不息，令人窒息，辐射物落到各地。

此次核泄露对公共安全、社会、生态、政治经济方面的影响很大，事故发生后的几年里，被辐射所影响的国家一直在强调该事件的影响，这是一次令人无法接受的灾难。整个事故都被谈论和报道，包括令人震惊的死亡人数和对事故影响的否认。

如今，事故已经过去三十年了，所带来的影响也被公众所知晓。从大致情况来看，如果能确定患者所受的辐射量，那么不同人群受到的辐射是确定的，但转变成癌症的风险要谨慎计算（线性假设）：

受辐射的人群中（严重辐射，可能死亡），44人死亡，237人受强辐射；

附近135 000居民被疏散，他们受到的辐射量平均为10毫希，可预测的癌症风险为0.1%。由于在短时间内受到这些辐射，标准剂量下，风险加倍，即每毫希风险为0.01%。

600 000人负责去除放射性污染（清理人），他们受到的平均辐射量达到100毫希（预测癌症风险为1%），前期核清理人员受到的辐射超过 1 000 毫希。接受的剂量变化很大，且不稳定。二十年来的研究表明，放射性是引起白血病的原因，但其他很多因素也能造成各种癌症，所以核辐射造成癌症的结论无法确定。

在被辐射地区，每平方米的贝克数超过 600 000，270 000 居民受到的辐射平均为 50 毫希，这些辐射主要通过他们食用受辐射土地生产的作物进入人体（癌症风险 0.6%）；

3 700 000 居民生活在受轻微辐射地区，受到的辐射量平均为 7 毫希（癌症风险 0.07%）；

在核泄漏发生的最初几个小时内受到碘-131 辐射的孩子，患甲状腺癌的比例明显增高。1990 年到 2005 年，出现了大约七千多例甲状腺类型的癌症。这些癌症基本被治愈（该时期仅有 15 例死亡）。毋庸置疑，这些疾病与事故中的放射物直接相关。

家庭悲剧、被疏散人群的创伤后遗症、事故造成的经济损失都是惨痛的，但没放在上述列表中，因为这些影响不能用毫希计算，很难对它们进行估计。放射事件后果的相关数据显示，切尔诺贝利核泄漏主要受害者是第一时间参与救援的消防员和专家，以及附近的儿童，其次是清理人。该事件对清理人的影响是明显可测的。附近的大部分居民所受的辐射不大，但如何将辐射排出是一个重要的问题。

对于当地的居民来说，即使土壤和食物污染确实存在，并将持续几十年，但事故造成的额外风险没能引发大规模的去放射性污染的行动。在这些地区，人们只是单纯采用减少剂量的方法，某种程度上可以说"与核辐射共存"。

事故对这些地区造成的放射性强度，与受天然辐射最多的地区相同。

我可以吃被辐射污染的蘑菇吗？

1986 年 5 月初，我们这些可怜的欧洲人被神秘的核辐射云侵袭，在我们身上到底发生了什么呢？在整个西欧，辐射影响可以忽略不计，原因很简单：辐射我们的这部分同位素，已经扩散到广阔空间里。我们知道，一个放射性原子在放出一些射线后便能达到稳定，并停止放射。此原子放射到一些地方，就不会放射到其他地方；与其他原子接触，也不会使它们具有放射性。病毒、传染性蛋白微粒和癌症细胞可以繁殖，但放射性原子是惰性物质，不能繁殖。反应堆内储存了最初的放射性原子，每个原子仅放射一些贝克后，就变得无害了。由于碘和铯在整个欧洲放射这些同位素，因此影响很小。

法国是遭受切尔诺贝利核辐射危害最小的国家，核泄漏发生后的十二个月，每人所受辐射平均为 0.06 毫希，从西部到东南地区，辐射量在 0.005 毫希到 0.17 毫希之间变化。此数据仅为乌克兰和白俄罗斯地区居民受到辐射的千分之一。法国人受到的辐射既包括外部辐射，也包含摄食的辐射，主要是碘-131、铯-134 和铯-137。由于碘-131 和铯-137 半衰期短（分别为八天和两年），它们已经完全消失了，但人们发现近三十年来，被铯-137 辐射的地区，仍然残留着放射性沉积物。就算辐射量远未达到伤害人体健康的程度（只是有害辐射量的百万分之一），我们也已经有能力测量。法国东半部领土受到铯-137 辐射，每平方米在 1 000 到 6 000 贝克之间变化（西部受到的辐射主要来自于二十世纪六十年代核试验产生的沉积物）。雨水、土壤和地形的多变，使铯-134浓度有很明显变化。曼尔岗都尔森林以高出十倍的铯-134浓度，目前保持着最高纪录。

过着自给自足生活的人，他们的土地受到了很大的辐射，所以健康也受到了影响，但比起白俄罗斯的几十毫希，我们受的辐射是微量的，除非大量食用含铯-134土地上采摘的蘑菇，但对于这样的行为，我们希望大家能节制。如果偶尔品尝这些直接来自于东欧的蘑菇，无需担心，放心享用吧！但吃到这种蘑菇的机会不大，因为海关的检查很严格，且蘑菇对人体来说并非不可或缺。当然这种海关的保护属于另外一种逻辑……

在核电站工作，危险吗?

如果你毫不犹豫地回答没危险，你一定是在核电部门工作，了解该部门严格的保护措施。然而并非所有人都相信，那就让我们来说一说辐射的防范措施吧! 国际辐射防护条例认为，与其他可靠工作相比，核工作有专业风险。在核电站工作，辐射剂量与后果之间的关系是影响职业防护措施的标准。在欧洲，该标准为每年20毫希，这个剂量大约是天然放射性的十倍。该标准的执行是通过对核接触人员受辐射量的监测和对他们的医学监护来实现的。除了严格遵守低于辐射最大值的规定，另一项辐射保护的基本规定，是尽可能利用合理的方式降低辐射量。只要损害的界限没被确定，测量风险的规定就会令降低辐射量举措变得有益。这一规定还需另一重要规定来补充，即患者超负荷吸收的辐射需要被核实，这项工作十分必要，但目前无法展开，除非患者直接暴露在辐射当中。在核产业开始之初，这三项原则就被一起提出来，然而这些预防原则的实践，就像儒尔丹按照写作原则写散文一样。

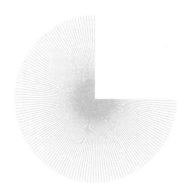

核废料对后代有威胁吗？

与有毒的化学物质相比，核废料的独特之处在于，放射毒性在一段时间后必定消失，然而稳定化学物质的毒性是永存的。当人们不再使用同位素时，原则上只需等待，随着时间的流逝，放射性造成的问题也就消失了。放射性同位素半衰期在纳秒到十亿年甚至更久的时间不等。半衰期低于几十年的同位素可以被简单处理，只需等它慢慢消除毒性。当然，应该在安全的地方衰变，这样人们才能不被辐射，也保护物质不传播和扩散。寿命长的同位素，由于浓度不高，其危害与地球内部因剧烈运动而积累产生的辐射危害不相上下。关键在于半衰期不长不短的同位素，即半衰期为几百年到几十万年的同位素，地球形成的时候它们就已存在，之后慢慢消失。若同位素的半衰期为几百年，在被妥善保管的情况下没有危险，若同位素的半衰期为几千年或几万年，则对人类文明而言有致命的危险。有三种方法可以用来处理半衰期长的同位素，我们可以将它们从地球上清除，排向太空，比如排向太阳系，因为太阳可以毫不费力地将它们吸收。这种解决方式很简单，但不可靠。我们还可以通过将它们转变成半衰期更短或更长的同位素，使上述同位素消失，情况变得更简单。这种方法很好，也值得研究，但造价很贵，而且不能完全解决所有同位素。仍有百分之几的同位素未转变或转变后仍令人担忧。第三种解决办法，把核废料留在地球上，留给大自然，确切地说是留给生态系统。

随着时间的流逝，在几百万年的时间里，由地质系统来处理废料。所有被辐射国家都致力于探求地下稳定、密封的岩石层，对于岩石来说，一百万年很快便过去了。法国研究人员正在研究沉积层的形成，它们形成于一亿七千万年前，自此未曾改变。这一坚硬的黏土层位于地下五百米，厚度为一百三十米，无自由流动水，也无断层，看起来是理想的场所。最理想的地区位于默兹和上马恩省的边缘，研究人员在此建造了一座地下实验室，可以对黏土层进行细致研究。

如果该黏土层可靠，它将成为保险柜，接受时间的考验。被封存在此的辐射物的辐射量非常低。辐射需要几万年，甚至几百万年才能打通道路，到达饮用水层，而且最终到达的原子量也极少，可测量的剂量仅为千分之一毫希。该数值对人体风险非常小，所以我们的后代根本不会察觉。

当然，这只是通常情况下，即假设地质层没出现意外情况，核废料按照人们的预计正常活动，尤其是不能有人在地质层正中间不合时宜地钻孔。即使是一万年后，盗洞者都会为此行为付出痛苦的代价！

福岛第一核电站发生了什么？对人类将有什么影响？

人们最常提一个问题：大型核电站发生事故，造成的影响是什么？2011年3月11日，日本福岛发生了重大核事故。毁灭性的海啸袭击了日本本州岛东海岸，在众多被破坏的工业基地中，福岛第一核电站事故最严重，六个反应堆发生了爆炸，其中三个反应堆活性区发生了核聚变。之前我们已经说过，放射物质在反应堆防护系统以外扩散，这种情况是必须严格控制的，但确实发生在海啸后的几周内。此处只涉及事故的影响，不谈起因。

海啸直接引起日本海岸两万人死亡，污染了沿海大约五百平方千米的土地；由于核电站防护不善，该海啸造成放射物质在空气和大海中扩散。辐射物造成的影响是什么？我们无法得出确定的结论。随着我们数据采集的增加，尤其是在此期间放射学研究的跟进，下文中的数据可能会有所变化，就让我们汇总已有的信息，并期待日后更准确的信息吧。

福岛第一核电站事故涉及三个反应堆，放出的辐射总量是切尔诺贝利第四号反应堆放出辐射总量的十分之一。放射的主要同位素为碘-131和铯-137。碘-131半衰期很短（八天），本次泄漏造成的影响主要在事故发生后的几天和几周内。疏散人群是为了减少人们受到放射碘的辐射，以防影响甲状腺。这种同位素如今已经消失。铯-137半衰期有三十年，它会辐射全身。这种泄漏元素将在几十年内对人们的居住地、地区开发及粮食种植地的选择产生影响。它将存在于环境中，很容易被检测，就像切尔诺贝利核事故后，直到今天，铯-137 在法国仍然存在。

铯-137 沉积的土地面积与海啸破坏的沿岸土地面积相当，大约为五百平方千米。它的形状近似椭圆，十米宽，五十米长，朝西北部放射点延伸。该椭圆区域的中心仍不得进入，但边缘地区在可控的情况下允许进入。

大约 78 000 人被提前疏散，两个月后，大雨降低了当地的铯-137，又有 10 000 人被疏散。疏散大大减少了当地人可能遭受的辐射量。在带来有利结果的同时，疏散人群也造成了一定的消极后果：居民的社会和情感联系消失，脆弱人群提前死亡（根据未核实数据，人数可能上升到几百人）……

对于福岛县的居民来说，事故后接受的辐射剂量在 1 到 10 毫希之间变化，但低龄儿童接受的剂量加倍。如果没有任何措施，如果未能将被辐射的土壤清理干净，那么在未来五十年中，辐射所带来的影响将加倍。

相比于其他原因引起的 35% 到 40% 的癌症，目前的计算无法预测放射性引起的癌症与其他原因造成的癌症的区别。有风险的人群若不被治疗，会出现受放射性影响的其他癌症。低龄儿童患甲状腺癌主要是因为受碘 -131 辐射的影响，尤其是事故后的疏散工作和食物控制没有做好。事故后应立即采取补救措施。

在事故发生后的十八个月内，共有 2.5 万工作人员在事故地工作，所受的辐射剂量平均为 10 毫希。其中三分之一工作人员接受的剂量高于 10 毫希，173 人所受剂量超过 100 毫希。其中一位工作人员受到的剂量高达 679 毫希。

在工作人员和普通百姓中，无论是疏散还是未疏散的人群中，都没有发现放射带来的短期性影响。但事故给社会和个人造成了损失，对被疏散人群的影响尤其大。公开提出权衡疏散利弊问题，仍然需要一定的时间。但这个问题迟早将被提出。

福岛核事故中，和低剂量引发的后果一样，其他的后果也需要处理。总结一下，海啸直接引起 20 000 人死亡；由海啸引起的核事故引发了数十种癌症；让被疏散的 88 000 名普通百姓在未来三年多的时间中承受着压力。

重新回到被铯-137 辐射过的地区，这一决定给当地居民造成了更大的压力。各国都在关注日本的情况，关注大面积被辐射的区域能否恢复正常。日本是一个富有且有组织的国家，有着乌克兰不具备的资源，可以走出危机。日本将保留多少比例的被辐射禁区，恢复被辐射地区的比例为多少，剩余地区的被辐射等级是多少等等，这些问题及其政治性的问题，目前无法得出预计的答案。

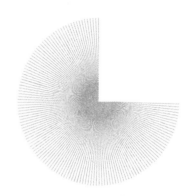

藏在田宇宙中的我们呢

放射生物学

对人体的影响

流行病学

低剂量

预防原则

人们究竟了解什么？

流行病学通过统计学方法，研究相似情况下受辐射的人群，从而了解辐射对人体的影响。

辐射对机体影响的具体情况与放射生物学相关，它涉及生物细胞领域。尽管进行了多次精密试验，面对受辐射的活体，放射生物学仍面临巨大的挑战。

研究所面临的挑战从剂量低于 100 毫希开始，随着毫希量的减少，所造成的影响如同进入迷雾，越来越不明显。就让我们看看放射生物学和流行病学怎样在大雾中为我们导航。

放射生物学告诉了我们什么

辐射和癌症对细胞造成的损害是什么？什么是人类已知的，什么又是人类未知的？

人类已知的

辐射对细胞的损害有资料可依：若 100 个电子（β 射线）中，每个电子都辐射一个细胞，在 100 个细胞中，每个细胞都会出现一条双螺旋 DNA 的断裂，其中四个将出现两条 DNA 断裂。只有两到三个受损伤细胞是 DNA 基本构成，没发生断裂。细胞中的线粒体和薄膜直接被辐射时，发出压力化学信号，影响没被直接辐射的细胞。细胞交流机制中出现自由基，机制中的氧气变得很活跃。从分子到组织，许多转变会导致细胞死亡，但少数情况会造成细胞转变或细胞无限扩散。而后者是导致癌症的首要原因。

人们认为自己已经了解的

接受低剂量的机体变成什么，尤其在复杂反直觉的连接中，修复机体与有害影响是怎样冲突的，这些都不能确定。在动物身上进行的体外实验，由于动物种类、年龄、性别以及其他参照点的不同，还有放射剂量的不同，结果有所变化。若剂量和损失的关系呈线性，由于细胞、组织、器官和人体的复杂关系，损失与细胞或人体反应的关系不会存在。因此，法兰西医学院于 2006 年强烈批评这一观点，根据此观点，剂量-效应关系不仅呈线性，而且无阈值。许多结果证明了阈值的存在，阈值之下，细胞修复、残缺细胞的清理以及对人体的保护都是十分有效的。阈值可以被检测，但依据器官和种类的不同而变化。即使很多理由促使人们猜想，仍然无法用普遍方法证明阈值的存在，也无法证明阈值范围内放射是无害的。

随着生物学的快速发展，人们已经认识到，有组织结构及信息交流的生物和蛋白质系统是一样的，这就促使人们开展放射生物学研究。该研究加强了辐射与生物学之间的联系，也证明了损伤细胞会导致器官产生癌变。

直到今天，人体对放射剂量的反应呈线性非阈值关系的假设不是最好的，但也不是最坏的选择。尽管很不确定，但却无相反结果。另一种非线性关系或线性阈值关系，虽然没有数据证明不准确，但以目前人类的认知，无法证明其准确性。

人们还不了解的

剂量在毫希以下会有什么后果，关于这点，科学领域还没有正确答案。到目前为止，几乎没有与辐射生物学相关的专题文献，从已知百毫希辐射对人体的影响推测一毫希辐射对人体的影响其实是没有意义的。因此，必须对不足一毫希的辐射所产生的影响有明确认识后，才能进一步开展辐射生物学的研究。但这已经不是公共健康问题，与主体相关研究的经费也少。

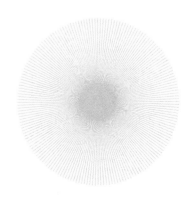

流行病学是什么

对辐射人群的研究，人们了解了什么？研究遇到了什么困难？我们能否得出行为准则？

人类已知的

对电离辐射研究最重要的资料来源，是流行病学对1945年日本核爆炸幸存者的研究。仅一次爆炸，遭受辐射剂量达2 000毫希的人数有几万人。与患者进行放射诊断受到的辐射相比，2 000毫希至少高出十倍。放射疗法的治疗期间，此剂量也是常见剂量。实际上，治疗利用十几倍的高剂量，消灭肿瘤细胞核组织，治疗医生要保证辐射的精确，才能最大程度摧毁病变组织，尽少碰触健康组织。第二个信息来源，受电离辐射的工作人员，有些人离核辐射设备较近，一些是核工作人员，或者是航空工作人员，比起陆地上的人，他们经常受到宇宙射线的辐射。一些地区的高自然辐射或极少的偶然情况，将统计数据补全。剂量高于100毫希的影响众所周知。美国电离辐射生物效应委员会的报告（2008年，美国国家研究委员会关于电离辐射的生物效应的第七号报告）总结如下：若100人受到100毫希辐射，100人中将检测出一例癌症，还有42例由其他原因引起癌症。如今的癌症，很难找出确切的起因。癌症从42例变成43例，变化原因可能是各种起因引起癌症数量的自然浮动。治疗癌症的手段在二十世纪后半期得到了发展，由放射引发的癌症中有一半患者被治愈。如今，人们猜想将有可能避免更多的致命后果。辐射的长期影响需要十几年去检验，所以这样的猜想也需要许多年去证实。

以此类人群作为统计学的基础，建立了剂量反应线性关系假设。至于随机影响有无阈值，唯一可以确定的是有阈值，而且该阈值低于100毫希。

人们认为自己了解的

流行病学尝试向着十几毫希或几毫希推论，已经可以确定剂量反应曲线，该曲线假设是一种线性非阈值关系，但却不是最好的假设。在分配精确剂量，尤其每个人接受低剂量时，统计的可靠性逐渐消失。

低于100毫希，被研究的群体是核工作人员，他们可接受的剂量从每年50毫希减少到20毫希。如今，检测到的实际剂量是以上剂量的十分之一甚至更少。没有什么可以代替线性非阈值关系的参照功能。由于该研究在身体健康的成年男性工作人员中展开，他们接受了良好的治疗，因此，大大降低了研究结果的可信度。这些因素可能促使低估癌症数量，而其他因素会促使高估癌症数量：比起普通人，核工作人员中消费烟酒（致癌因素）的人数比普通人群高。个人行为很少被考虑，也没有将所有个人行为都考虑在内的系统研究成果。因此，研究结果中癌症数量的增加或减少都有可能，从而影响研究结果的可信度，尤其在辐射量较小的情况下。

虽然缺乏数据会妨碍统计学家进行细致分析，我们仍庆幸只有少数被辐射的人健康受到影响。最重要的是辐射没有对健康产生重大影响。

人们不知道的

一些人所遭受的自然辐射剂量高于常见的天然剂量，在 10~500 毫希之间。一些研究得出无影响的结论，另一些研究得出癌症数量下降的结论，这一结果并不意外，但无法解释。我们将这些研究归入为得出结论的研究中。很难界定这些被辐射人员的特征，也无法对他们展开长期的跟踪调查，因此，研究结果的变动是导致对辐射展开流行病学研究失败的主要原因。

基于对公众健康的关注，流行病学有研究辐射的可能，例如：研究幼儿白血病与距离核电站距离的相关性。英国早期的研究显示出百余家核电站周围有更多的白血病，但不是所有的核电站。其他研究显示：周边无核电站地区同样出现白血病高发的状况，所以，需要找出除距离外的其他原因才能下结论。

2008 年，研究人员对德国境内十六家核电站周围居民癌症发病率展开研究，结果显示，距离核电站较近的居民中癌症发病率高，但随着距离的缩短，白血病的数量在减少。癌症数量过多和过少，都是相比于除辐射以外其他原因引起的幼儿白血病数量。同一座核电站，距离近的孩子的健康得到保证，几千米远的却受到损害，这一状况令人费解。因此，我们认为，这些统计数据并没有如研究人员所希望的那样具有统计学意义。原因在于白血病发病率太低，且病因十分不确定。

法国研究了二十九座核电站附近的幼儿白血病状况，并没得出该病发病率与核电站距离之间有关系的结论，相反，与其他研究相悖，该研究发现核电站附近居民与普通居民相比，癌症发病率反而更低。

研究结果的出现引起了媒体的强烈反应，但不久该研究的结论就几乎被遗忘了，而我们研究的主要目的就是研究低剂量辐射对人体的影响。

低剂量问题

尽管缺乏相关数据支持，但出于哲学和政治的考虑，对核电的认识目前有三种趋势。

国际惯例普遍认同的主要趋势认为，要

实行未健全的预防措施。考虑此时的情况与
高剂量情况不同，实行相同的线性关系，即
每毫希 0.005%。实际上，这是最悲观的估算，
却也是最好的预防。

激进的趋势是严格遵守线性非阈值关系，
不仅是谨慎原则，而且是严格规定，甚至是
事实。可以确定的是，第一贝克的辐射破坏
了 DNA 分子链，穿过所有的屏障，不可避免
引起致命癌症。目前没有数据证明，也没有
检验结果能反驳该研究结果，但这方面的研
究资料尚不够丰富。

第三种趋势依靠科学数据的积累，指责
缺乏现实性的线性假设，证明了阈值存在的
可能性，这种趋势认为阈值之下的辐射无任
何有害影响。该趋势认为剂量对结果的影响

比线性非阈值关系弱三到十倍。若上述情况被证实，人类与放射性的关系可能被改变……

更低剂量问题

更低剂量是什么，低于毫希吗？该值远远在对身体有害的阈值之下，可能也在其他阈值以下，但无法确定。放射生物学找到了阈值，但流行病学没有。

该问题远离了科学的范畴，成为不得不做的选择。在该领域，我们只能采取预防原则："在疑惑中小心地前行。"

但有时候，该预防原则被误解了，违背了其主旨及合法定义，人们因质疑而要求放弃核电的建设。有时由于缺乏相关认识，人们对某项技术危险性的认识从不确定变成了确定，这些人还毫无根据地大肆宣扬。媒体乐于强烈批评令人担忧的新消息，而不去科学地质疑，质疑无根据的结论，媒体喜欢那些轰动一时的一手数据，使争论不能进行下去。一些人认为预防措施不会变，甚至一成不变。他们推算出比起1毫希的剂量，千分之一毫希剂量的危险性要小一千倍，从而鼓吹采取一些措施避免剩余0.000 005% 的风险。

科学家还提出设想，如果所受辐射在阈值之外，是否就能确保无风险，所采取的预防措施其实没有任何作用，甚至对人体是有害的呢？疏散人群的压力将被证实是无意义的，就像核设备拆除工作需要进行到最后一贝克，是否也没有必要？

风险预防专家质疑两种风险的平衡，一种为放射性风险，将引起其他化学风险和常见风险（运输、土木工程……），还有一种风险就是让其保持原样所带来的风险。

根据法国目前的规定，这两种风险之间的平衡很难找到，法国目前的相关规定并不利于国际性事务的开展，而这些事务将促进平衡风险方法的发展和完善，用化学或放射学方式处理辐射风险，还是通过将其运输到其他地方来处理辐射风险，我们应该将这两种风险进行比较，从而选用更好的处理方法。

人们普遍认为最好与较好是对立的，所以，在极少剂量的辐射领域，人们要区分开较好与最好。

ALARA（辐射防护最优化），BANANA（绝对不要在靠近任何人的任何地方建造）或者有其他前景吗

行动还是不行动？当科学需要为政治服务时……

美国人对缩写词 ALARA 很熟悉，即辐射防护最优化，正是这本书主线。放射性具有危险性，尤其在工业用途上，但剂量少时风险非常小——但并不是不存在。我们需要考虑现有的技术和经济条件，对风险进行适当的控制。辐射防护最优化原则是行为准则，大体内容为："确信时和疑惑时一样，都得谨慎前行。"但接受风险的人通常不是承受风险的人。另外，核有两大历史罪状：不透明和假象，而这两者都与军事相关。由于计算的风险和实际风险有很大不同，所造成的罪孽也不一样。

在所有争论中，核是最受质疑的。核废料就是典型例子，目前还没有任何储存核废料的技术手段。

遭遇同样问题的还有其他技术问题，例如

克隆、温室效应、信息控制、血液传染、疯牛病、转基因和纳米粒子或将出现的技术问题，这些都是令人担忧的问题。

随着时间的流逝，幸运的是最终采取的决定是折中的决定，也是政治决策者希望的结果。我们难道没有从以前的以专家意见为参考转变成以媒体舆论为参考吗？邻避设施规划的决定被讽刺为 BANANA 综合征，即绝对不允许在任何有人的地方建造任何东西。

为了极权，有时政治需要对抗技术。这是技术最令人失望的结果，就如同糟糕的仆人所完成的工作效果。极权优势需要最完美的服务，零失误、安静、清洁、适度、节约和无事故的技术。然而技术人员不能同时确保一切，也没人能同时确保这一切。

现在，发展所带来的不可避免的弊端已经渐渐被公众接受，更确切地说被参与者发言人所接受。即使新的计划遭到了反对，公众仍然能参与到决定的新进程中，新进程更民主，也更复杂。

为了实现长期平衡的发展，我们要避开非决议的陷阱，因为这肯定是最坏的决定。为了使决定既公正又持久，公众既要发表意见，又要尽力认清自己所需要承担的责任。

总体利益和地方利益、实际风险和预计风险、已知的危害和待确定的希望都需要被估测。错综复杂的事实、疑虑、意愿和多种利益都会影响最终决定。

建立对话的过程中，参与者终于问了有关放射性的问题："什么情况下放射性真的有危险？"这一涉及大众的讨论也将继续。

若这本小书能带领我们走上寻找答案之旅，那我们的目的也就达到了。

备忘录

为方便记忆，关于辐射的危害，我们进行简单的概括总结如下：只有辐射量超过 10 毫希时，才会对人体产生真正意义上的伤害。

低于 0.001 毫希：没什么影响。若 0.001 毫希是一小时接受的剂量，一年 8 766 小时，接受的剂量少于 10 毫希，影响不大。

低于 0.01 毫希：若 0.01 毫希为年剂量，通常无影响。若检测为每小时剂量，几千小时之后，情况会发生变化。

低于 1 毫希：不需要任何限制措施，该辐射量通过人类活动能自行排出。

低于 10 毫希：无任何确定性效应，谨慎起见，我们认为随机性效应与剂量成正比，没有阈值。低于 10 毫希是来源于大自然的年平均辐射量。实际上，陆地上没有人的年辐射量少于 2 毫希。几乎所有的职业辐射都在这一范围内。

低于 100 毫希：辐射值在此范围内的工作人员需要被治疗，以避免情况严重化。几乎所有医疗造成的辐射都在此范围内，此辐射是医学需要。居住在巴西、中国、印度和伊朗一些地区的人，他们遭受的自然辐射量是全球最高的，但该群体没有出现身体异常。

从100到1 000毫希：癌症风险有规律地继续增长，这一点已经得到科学支持。这些危害已经开始显现。

从1 000到10 000毫希：随机性效应呈线性增长，超过不同阈值后，对组织和器官的影响立即出现，且随剂量增加而变得越来越严重。要避免遭受1 000到10 000毫希的辐射，甚至如今，要禁止对严重事故进行救援。这也是放射疗法的辐射范围，它能阻止有致死风险的细胞的扩散。治疗专家的方法是破坏肿瘤细胞，而不损害健康细胞。

高于 10 000 毫希：尽可能挽救吧！癌症会有死亡的风险，但射线会导致立即死亡。

专业用语汇编

贝克勒尔

放射性活度的计量单位，与原子核每秒的衰变相关。

危险

威胁或损害某人或某物的安全。威胁尚未到来，安全也尚未丧失。

放射性衰变

通过丢失质量或能量，原子核自发衰变。放射性衰变伴随着粒子和射线的释放。

确定性效应

在确定条件下必定促使现象出现。

随机性效应

效应是偶然的产物，它的出现遵循统计学规律。

戈瑞

吸收辐射的计量单位，1kg被辐射物质吸收1焦耳的能量。戈瑞估测了有机物或无机物吸收的能量总和。

严重性

危险事故发生时的严重后果和损害结果的范围。

同位素

同一化学元素的不同

原子，有相同的质子数和确定的中子数。同位素的原子核由质子和中子总数构成。

可能性

测量一个事件或现象偶然特点的量值。在确定时间内，通过它出现的概率进行估测。

α 射线

放射性衰变时，由一些原子核放出，包含两个质子和两个中子的紧密结构。

β 射线

放射性衰变时，原子核放出的电子。

Γ 射线

放射性衰变时，原子核放出的光粒子，也被称为光子。

风险

对危险情况变成现实和它造成的严重后果可能性的估算。风险计算是危险事故和严重后果可能性的产物。

希沃特

是测量人体组织吸收的辐射量单位。希沃特是戈瑞剂量计算的结果，涉及自然辐射、能量和相关器官。相当于 γ 射线释放的 1 戈瑞剂量。

图书在版编目（CIP）数据

放射性真的危险吗／（法）让·马克·卡维东著；赵勤华，李牧雪译．—上海：上海科学技术文献出版社，2016
（知识的大苹果＋小苹果丛书）
ISBN 978-7-5439-7172-1

Ⅰ．①放… Ⅱ．①让…②赵…③李… Ⅲ．①放射性—普及读物 Ⅳ．① TL7-49

中国版本图书馆 CIP 数据核字 (2016) 第 199982 号

La radioactivité est-elle réellement dangereuse by Jean-Marc Cavedon
© Editions Le Pommier - Paris, 2014
Current Chinese translation rights arranged through Divas International, Paris
巴黎迪法国际版权代理（www.divas-books.com）

Copyright in the Chinese language translation (Simplified character rights only) ©
2016 Shanghai Scientific & Technological Literature Press

图字：09-2015-808

责任编辑：张　树　王倍倍　　封面设计：钱　祯

丛书名：知识的大苹果＋小苹果丛书
书　名：放射性真的危险吗
[法]让·马克·卡维东　著　赵勤华　李牧雪　译
出版发行　上海科学技术文献出版社
地　　址：上海市长乐路 746 号
邮政编码：200040
经　　销：全国新华书店
印　　刷：昆山市亭林彩印厂有限公司
开　　本：787×1092　1/32
印　　张：3.25
版　　次：2017 年 1 月第 1 版　2017 年 1 月第 1 次印刷
书　　号：ISBN 978-7-5439-7172-1
定　　价：18.00 元
http://www.sstlp.com